笑翻天1分鐘生物課

② 哺乳動物篇

劉天伊 編著
繪時光 繪圖
林大利 審定

野人

GRAPHIC TIMES 063

笑翻天 1 分鐘生物課②

【哺乳動物】哇～哈～哈（是科普漫畫耶）

編著　劉天伊
繪圖　繪時光
繁體版審定　林大利
特約策劃　梁策
特約編輯　張鳳桐

社長　張瑩瑩
總編輯　蔡麗真
美術編輯　林佩樺
封面設計　TODAY STUDIO
校對　林昌榮

責任編輯　莊麗娜
行銷企畫經理　林麗紅
行銷企畫　李映柔
出版　野人文化股份有限公司
發行　遠足文化事業股份有限公司（讀書共和國出版集團）
地址：231 新北市新店區民權路 108-2 號 9 樓
電話：（02）2218-1417
傳真：（02）8667-1065
電子信箱：service@bookrep.com.tw
網址：www.bookrep.com.tw
郵撥帳號：19504465 遠足文化事業股份有限公司
客服專線：0800-221-029

特別聲明：有關本書的言論內容，不代表本公司／出版集團之立場與意見，文責由作者自行承擔。

法律顧問　華洋法律事務所　蘇文生律師
印製　凱林彩色印刷股份有限公司
初版　2024 年 05 月 02 日
初版 3 刷　2024 年 07 月 31 日

歡迎團體訂購，另有優惠，請洽業務部
（02）22181417 分機 1124

國家圖書館出版品預行編目（CIP）資料

笑翻天 1 分鐘生物課② / 劉天伊編著；繪時光繪圖 . -- 初版 . -- 新北市：野人文化股份有限公司出版：遠足文化事業股份有限公司發行，2024.05.02
4 冊；15×21 公分 . --（Graphic times；63）ISBN 978-626-7428-53-5（第 2 冊：平裝）　1.CST: 動物學　2.CST: 漫畫
380　113004597

目錄

記仇中……

便便的藝術你懂嗎？

造型特殊，還能占地、
把妹的袋熊便便。

動物的長相千奇百怪，牠們拉的便便也各不相同，但要說便便藝術的佼佼者，還是得數袋熊。

袋熊每天能拉100多顆便便，每一顆都是方形的。可以說單是便便的基礎造型，就體現了一代便便藝術大師的用心良苦。

袋熊是澳大利亞獨有的物種，看到「袋」字，你大概就能想到牠們的成長環境了。

牠們雖然長得一副熊的模樣，但生活習性上更接近嚙齒類動物，牠們喜歡吃草，喜歡在地底鑽洞，可以輕鬆建造一個錯綜複雜的地底大別墅。

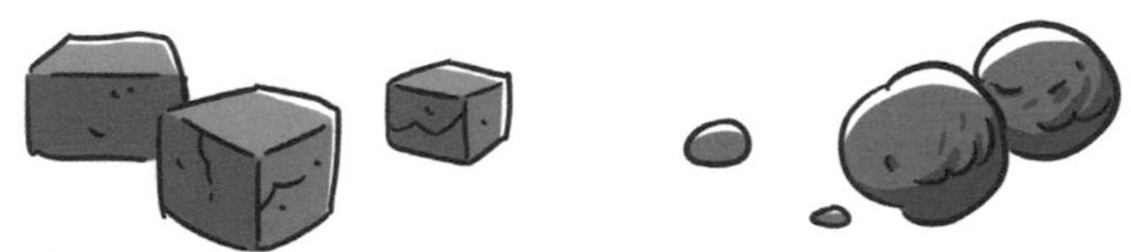

很多植食動物的便便是球形的，袋熊的便便卻是邊長為2公分左右、高度約為1公分的長方體，看起來十分奇特。

袋熊能拉出方形的便便，是因為袋熊的腸道壁在不同區域的厚度和彈性不同，有些部分較柔軟，有些部分較堅硬，通過腸道軟硬區域多次不規則的收縮，將便便塑造成方形。

植物是袋熊的主要食物，這些富含纖維的青草、野菜、真菌、苔蘚等植物，都是牠們的最愛，在經過消化分解後，更容易被塑造成方形。

袋熊每次能排泄4～8顆小方塊便便，一天要拉近100顆，在拉便便這個領域是非常勤勞的專家。

之所以每天要拉這麼多便便，並不是因為牠們每天暴飲暴食，而是要用這些小方塊來標記自己的領域。

雖然袋熊的視力很差，但嗅覺卻很靈敏。拉完便便，袋熊會把便便收集起來，堆放在領域的周邊。

方塊形狀的便便容易堆砌，雖然袋熊沒有把方塊便便當作積木擺出新奇的造型，但幾顆便便彙集後，也可以散發出足量的氣味來警告其他袋熊：「此地已有主，識相請繞路！」

除了警告其他想要爭奪地盤的同類，袋熊的糞便也具有尋找伴侶的重要功能。

袋熊可以根據便便的氣味判斷附近是否有符合自己擇偶條件的袋熊，然後順著氣味去尋找自己的「夢中情人」。

袋熊的便便可不會撒謊，畢竟吃了什麼就拉什麼，擠壓成型也是一氣呵成，不需要做任何手腳。

哺乳動物

一不小心
成為火場英雄

靠挖洞自救還能救人的袋熊

熱中於挖洞的袋熊也沒有想到，自己有一天會成為火場英雄，成為許多小動物的守護神，而牠所建造的洞穴則成為了小動物的避難場所。

在火勢危急，小動物四處逃竄求生的關鍵時刻，牠的洞穴成功地保住了小動物們的性命。

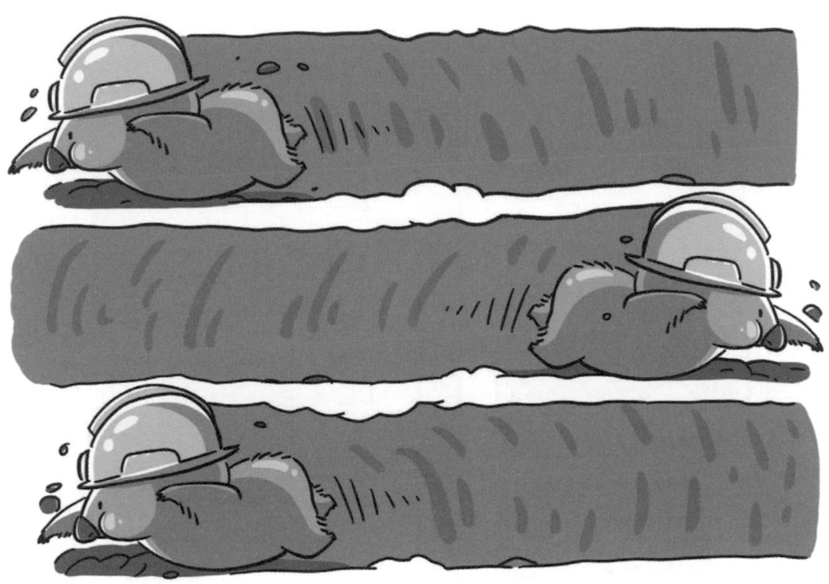

袋熊喜歡挖洞，尤其喜歡在不同的區域挖。動物界裡沒有清查違章建築的政府單位，袋熊也就可以隨心所欲地挖洞啦。

但牠又分身乏術，不能每天都到自己的所有房產去巡視，所以漸漸地，一些房子就徹底荒廢，變成了無主之地。

這時候就有一些小動物偷偷地溜進去，把袋熊的洞穴當成自己的家。

最初可能還住得提心吊膽的，但當小動物們漸漸發現袋熊已經徹底把這個豪宅遺忘的時候，牠們就更放心大膽地住了下來，成為洞穴的新主人。

雖然袋熊會拋棄自己辛苦建立的洞穴，但在打造每個豪宅時牠都是付出了很多心血，確保豪宅的品質和舒適度。

袋熊的洞穴有很多入口，這使得袋熊無論從哪個方向回家，都能進入自己溫暖的房間。

當然，在某些時候這麼多的入口也方便袋熊迅速回家避難。

處處可見的入口在森林發生大火時，成了小動物們的逃生之門，為牠們提供了一線生機。

袋熊挖掘的洞穴離地面有很長一段距離，有的洞穴甚至深達十多公尺，能保證自己順利進出。

和地面多變的溫度相比，洞穴內的溫度基本穩定，日常生活也很舒適，日夜溫差一般也就攝氏1度，但地面的日夜溫差卻可以達到攝氏24度。當遇到大火這樣的災難時，洞穴又能很好地隔熱，保證安全。

而且袋熊還擅長規畫房子的格局。牠們能夠按照功能屬性將房子分割成許多部分。大多數袋熊會把洞的末端設計成臥室。為了提高生活品質，提升睡眠品質，牠們還會把草和樹皮拖拽到洞穴裡，作為自己的床鋪。

雖然這種軟體設施在人類看來有些粗糙，但在動物界裡絕對算得上是用心之作了。

我是臀部健身達人！想跟我鬥？

袋熊，一個沒有感情的屁股殺手！

袋熊，一個沒有感情的屁股殺手！

袋熊，渾身毛茸茸，矮胖矮胖，看起來呆萌呆萌的，像一隻可愛的玩具熊。

但其實牠們是擁有祕技——屁股絕殺的無情殺手。

牠們的尾巴退化了，整個屁股都被茸乎乎的毛覆蓋著，但這個屁股卻不是看上去那樣Q彈，而是像鐵打的一樣堅硬。這是由於袋熊屁股上的軟骨堅如磐石。

只要袋熊鑽進洞裡，用屁股堵住洞穴入口，那麼牠的洞穴口就是鐵板一塊，以「一臂當關，萬夫莫開之勇」來形容最好不過了，柔性勸退許多想要進攻牠的動物。

就連袋獾，人稱「塔斯馬尼亞惡魔」的殘暴動物，也對袋熊守門的屁股束手無策，一旦見到袋熊逃回洞中，用屁股卡住洞穴入口，便只能失望地離開。

而像斑尾虎鼬這種看似弱小實則殺傷力驚人的肉食動物，在惦記袋熊肉的時候也可能會付出生命的代價。

斑尾虎鼬來襲的時候，袋熊會像往常一樣用屁股堵住自己的洞口，希望對方能夠識相一點兒，望「臀」而逃。

不過牠們耐心有限，當發現對方仍不善罷甘休時，袋熊只能痛下殺手，殺一儆百了。

對於死纏爛打的不速之客，袋熊會先微微低下身來，放下屁股，讓斑尾虎鼬以為自己有了可乘之機，覺得自己可以從袋熊屁股和洞穴的縫隙中穿過，成功地越到袋熊正面，對袋熊發動攻擊，從而飽餐一頓。

但牠們沒想到，袋熊放下屁股僅僅是為了打開絕殺的大門，一旦斑尾虎鼬爬上袋熊的屁股，探著腦袋向裡面鑽，袋熊就會突然抬起屁股，一個暴擊，直接把斑尾虎鼬的腦袋夾在屁股和洞穴之間了。

當堅硬的臀部碰撞堅硬的洞穴上壁，斑尾虎鼬的頭夾在中間成為名副其實的肉質夾心。

一下、兩下、三下，每一下都是對斑尾虎鼬靈魂的拷問，是對牠生命的重擊，讓牠重新認識到自己雖然是個肉食動物，但現在恐怕只是個肉餡動物了。

幾下暴擊過後，斑尾虎鼬的腦袋就會被袋熊的屁股碾壓成肉餅，最終斑尾虎鼬把自己的性命丟在了袋熊的屁股上。

而袋熊KO斑尾虎鼬後，甚至都不會拍拍屁股，就雲淡風輕地從洞穴的其他出口溜走了，只留下斑尾虎鼬的屍體和一個新的屁股殺人傳說。

雖然我吃草，但我放的「屁屁」很環保

甲烷零排放！袋鼠是怎辦到的？

袋鼠怎麼也沒料想到，自己有一天竟會在環保事業上有所建樹，並在減少導致全球暖化的溫室氣體排放領域中，成了澳洲牛羊的榜樣。

而讓袋鼠成為環保模範的竟然是牠的屁！為什麼呢？因為袋鼠的屁中沒有甲烷。

一般來說，提起氣候暖化，我們首先想到的是二氧化碳排放量過多，然而溫室氣體之所以能產生溫室效應，是由於牠們具有吸收紅外線的能力。

從這個角度看，雖然二氧化碳是排放量占比最大的溫室氣體，但論紅外線吸收能力和在大氣中的壽命長度，甲烷卻完勝二氧化碳。

如果按照20年的時間計算，甲烷產生的溫室效應潛能大概可以達到二氧化碳的72倍。

甲烷的排放大多直接或間接來自於人類生活，包括垃圾堆的發酵腐爛，石油、天然氣的外洩，還有對人類生存至關重要的畜牧業。

牛羊打嗝、放屁、排泄不可避免，人類生活對肉類的巨大需求也導致無法大幅削減牛羊的飼養量。

所以當袋鼠不排放甲烷的事實被發現，牠們就毫無疑問地成為了人們關注的對象。

尤其是像畜牧業大國澳洲，既有能放出不含甲烷屁的袋鼠，又有能放出含很多甲烷屁的牛羊，強烈的對比讓他們不得不開始琢磨：怎麼能讓牛羊向袋鼠學習，也放出不含甲烷的屁呢？

對此袋鼠表示：這可真是難為牛羊了，放屁不含甲烷這項技能可是「天賜神力」！哪裡是辦個培訓班，就能達成，訓練一下就能實現的呢？

和牛羊不同，袋鼠不是反芻動物，並且牠的胃裡還有一種特別的細菌。正是這種細菌的存在，加上袋鼠胃部其他微生物的助力，讓袋鼠最終的消化產物不含甲烷，也就是說即使放屁也能保證甲烷零排放。

弄清了袋鼠甲烷零排放的祕密，如何巧妙地在牛羊的胃中引進相應的菌群，促使牛羊也能在消化過程中減少甲烷的產生，就是一個非常值得研究的問題了。

不過，牛羊的胃中有大量的產甲烷菌，不知道真把兩種天生敵對的細菌放在一起的時候，會不會在牛羊的胃裡爆發細菌大戰，誰勝誰負真是難以定論！

為了跳躍，我也付出了很多

膝蓋損傷是什麼？

袋鼠不懂啦！

袋鼠的跳躍能力有多強呢？
強到連研發仿生機器人都要參考
袋鼠的跳躍模式。

在自然界中，袋鼠的跳躍能力可謂是數一數二的，無論是速度還是高度都鮮有對手。牠們輕輕一跳就能跳出4公尺遠，在拚命逃生的時候甚至能跳出10多公尺遠，而且牠們在跳躍的時候還能保持高穩定性和低耗能。最神奇的是，牠們在跳躍的時候能保證雙腿的移動軌跡相同，由此可見牠們的肢體協調能力之高。

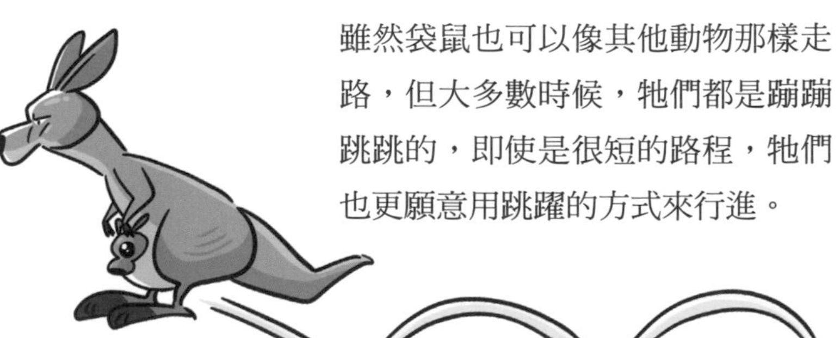

雖然袋鼠也可以像其他動物那樣走路，但大多數時候，牠們都是蹦蹦跳跳的，即使是很短的路程，牠們也更願意用跳躍的方式來行進。

對於人類來說，跳躍的時候膝蓋要承受體重約2～3倍的壓力和巨大的衝擊力，這是一種難以抵消的損傷。

很多需要大量跳躍的運動項目，比如籃球、跳遠、排球等，這些項目的運動員膝蓋就會因為這種高壓力和長期負荷而受傷，一些人甚至因此而早早地告別了運動員生涯。

看看即使經過長期訓練也頗為脆弱的人類身體，再看看雖然每天都不斷跳躍卻渾身輕鬆的袋鼠，任誰都不禁感慨：這差別也太大了！

對於袋鼠來說，牠們選擇跳躍作為運動方式本就是為了適應沙漠的生存環境。

跳躍比行走更快，而且高效節能，是牠們經過一代又一代的進化後做出的最佳選擇。而為了適應跳躍這種模式，袋鼠也演變出了獨特的身體結構。

袋鼠的腳趾是不對稱的，如果看袋鼠腳的X光片，你會覺得牠的腳骨長得非常像雞爪子，牠的第一趾非常小，幾乎看不到，第二趾和第三趾又合併在一起，如果不仔細看，甚至難以發現那竟然是兩根腳趾，最大的腳趾是第四趾，與腿骨在一條直線上。

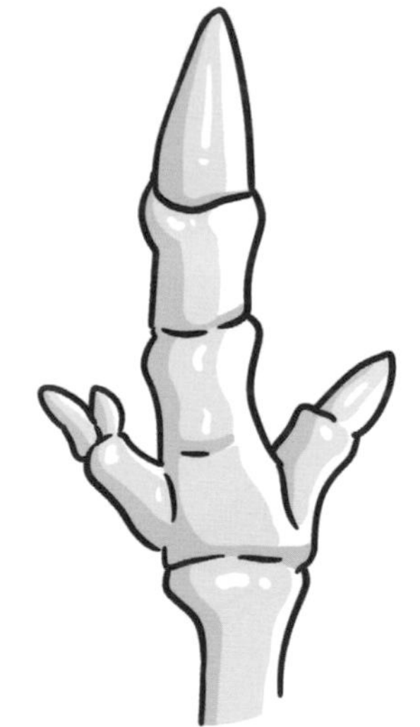

第四趾在跳躍中發揮著跳板的作用，是支持跳躍運動最重要的一根腳趾。第五趾是第二大的腳趾，在跳躍的時候會配合第四趾，提供跳躍推力。

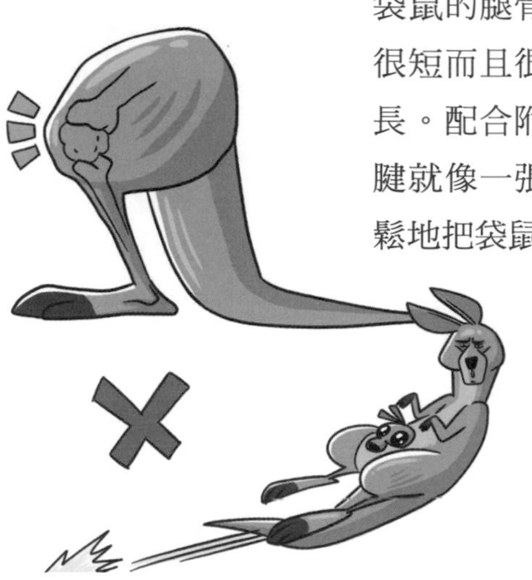

袋鼠的腿骨也很有特點，牠的股骨很短而且很粗大，脛骨和腓骨又很長。配合附著在骨頭上的肌肉和肌腱就像一張巨大的彈弓一樣，能輕鬆地把袋鼠的身體彈射出去。

令運動員們恐懼的膝蓋損傷在袋鼠看來簡直就是小菜一碟，牠們的膝關節早就進化出了厚厚的海綿狀軟骨，能夠承受跳躍的巨大衝擊，是完美的減震器，能最大限度地減少磨損，保護膝蓋。

不過，擁有這樣的神器，袋鼠也付出了相應的代價，牠們的踝關節是不能轉動的，這就意味著袋鼠無法倒著跳躍。

不過話又說回來，只要沒有特殊需求，人類也很少倒著跳，所以這也不算什麼重大的損失。

除了獨特的骨骼結構，袋鼠還擁有另一樣寶貴的東西，那就是牠們巨大的尾巴。

尾巴能夠在袋鼠跳躍的時候有著保持平衡的作用，當袋鼠向上跳起時，尾巴就會向腳前的位置移動，而當袋鼠快落地的時候，尾巴又會回到原來的位置。

在這一搖一擺之間，尾巴就巧妙地發揮了調節平衡的作用。

若是你曾仔細觀察跳躍中的袋鼠，就會發現牠們的尾巴並不是一動不動的，而是像牠們的另一條腿一樣，一直在積極地配合跳躍的動作。

別羨慕我，這身漂亮的肌肉可是天生的！

吃肉肉長肉肉！
大猩猩說騙人的吧！

人類想要擁有一身肌肉不知道要付出多少時間和汗水才能實現，但基因與人類相似度約為 98% 的大猩猩卻從來不覺得這是個難題。對於大猩猩而言，肌肉？那不就是天生的嘛。

如果非要讓大猩猩分享一下擁有完美肌肉的祕訣，牠嘟囔上半天，大概也只能說出一句：「好好吃素！」

這當然不是大猩猩故意不說，而是牠能想到的最真實有用的建議就是如此。

嫩葉、花、水果都是牠真誠推薦的食物。

如果再加上幾個鳥蛋，就更完美了，不過這並不常有，只能算是隱藏版食譜。

拿到這份食譜後，你也不要以為勝利在望，畢竟想要一天吃個二三十公斤的東西可不是件容易的事。

大猩猩自然不會覺得吃掉這麼多東西是負擔。

不過尋找食物的過程確實占據了牠們大量的時間，好在牠們本就生活在山地雨林中，不需要四處奔波，就可以輕而易舉地摘取身邊的樹葉吃。

因為牠們的體型過於龐大，能夠承受住牠們龐大身體的樹幹也不多，因此，牠們也很少在樹林間蹦跳穿梭。

畢竟只要稍不留神從樹上掉落，就會對樹下的動植物造成隕石撞地球一樣的衝擊。

這樣看來，連生命中的頭等大事——覓食，都不能讓大猩猩積極運動，更別說其他的需求了。

這樣一想，在獲得肌肉方面就更不公平了。

像大猩猩界中的銀背大猩猩，隨隨便便就能擁有500公斤的握力，有時瞬間爆發力時甚至可以達到1噸。

而就人類硬拉大賽紀錄來看，地表最強的人類也不過只能取得500公斤左右的成績。

也許這時大猩猩要申辯了，因為自己的膝蓋無法伸直，所以更適合硬拉這種屈腿推重的姿勢。

甚至平日走路也是牠們力量訓練的一部分，牠們經常用手背撐著地，幫助自己在行走的時候穩定身體，所以上肢力量爆棚。

就算人類模仿牠們的行走姿態，嚴格按照牠們的食譜進食，也難以獲得牠們的肌肉狀態，更別說擁有與牠們同等的力量了。

這是因為大猩猩所擁有的是絕對的天賦優勢：缺少肌肉生長抑制素蛋白（GDF-8蛋白質）帶來的福利。

和大猩猩不同，人類的身體裡有太多的肌肉生長抑制素蛋白，想長點兒肌肉只能維持力量訓練。

同時，還要攝取足量的蛋白質，因為這樣連蛋白粉都被人類發明出來了。

面對堅持不懈但收效甚微（和大猩猩相比）的人類，大猩猩除了感到佩服外，大概也只能建議：「要不，再來點兒樹根？」

自體產的剝殼神器

輕鬆吃堅果的祕密武器，
大猩猩說你不會想知道！

人類為了吃到各種果仁發明了許多工具：剝瓜子的鉗子、砸核桃的錘子、掏栗子的切刀，甚至在各種各樣工具的大類裡還不斷地細分出更加精密的小工具。

對於愛吃堅果的人來說，無論剝殼的過程有多麼艱難費時，只要最後能吃到果仁，那麼一切都是值得的。

大猩猩也是這麼想的，奈何牠們住在山地雨林，商業不怎麼發達，網購也幾乎無法實現，想擁有一個稱手的工具著實難辦，但這並不妨礙牠們對堅果的熱情。

堅果雖然令牠們著迷，但也不會讓牠們冒著牙齒崩碎的風險強行咬開，畢竟在雨林裡找個錘子都很費勁，更別說找個牙醫了。

當然，如果大猩猩非要冒著掉牙的風險吃堅果，並付出損失牙齒的代價，對牠們的日後生活也沒有多大影響。

畢竟牠們的主要食物是植物的嫩葉、樹皮、果實、竹筍等，不需要過多撕咬和咀嚼，即使偶爾改善一下生活，吃個鳥蛋和蟲子也都是靠舔的。

作為人類近親，在如何輕鬆吃到堅果果仁這件事上，大猩猩顯然有更智慧的處理方法——利用自身腸道內的微生物把果殼變軟。

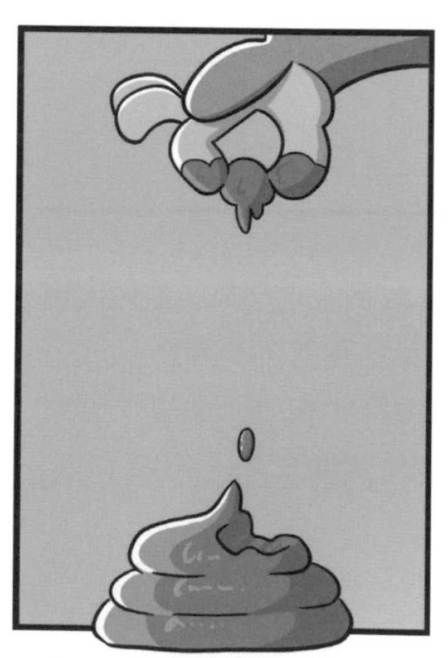

這個方法自然是高明的，只不過這個方法不是人類能接受的。

畢竟，不是每種動物都能坦然地從自己的排泄物裡挑出變得光滑、發軟的堅果，輕輕一捏，擠掉果殼，放進嘴裡，品嘗美味……

當然，大猩猩覺得這個辦法毫無問題，而且經過腸道微生物軟化的果實不僅口感更佳，而且連之前難以攝取的養分都變得更易吸收了。

脂肪和鈉都是牠們必需的營養。

平日裡，大猩猩可以認真細緻地挑選排泄物中的種子作為零嘴加菜；食物缺乏時，則會簡單粗暴地直接吃掉排泄物，實現對種子的快捷攝取。

除了大猩猩，黑猩猩也喜歡用身體對堅果進行加工後再加以食用。

像塞加內爾的黑猩猩，就把刺合歡和猴麵包樹的種子作為主要食物，從中汲取大量的蛋白質、脂肪和水。

不過這兩種果實都有堅硬的外殼，無法直接吃到果仁。

因此，黑猩猩就選擇把果實直接吞掉，讓牠們在腸胃裡認真地接受改造，成為易剝又營養充足的軟果後再排泄出來。

有時候黑猩猩心急，甚至不會將排泄物拉在地上，而是直接用手接住，再順手轉回嘴裡，把排泄物中的種子咬出來，吃個痛快。

不僅黑猩猩會從排泄物裡尋找這兩種果實，當地的原住民也會從黑猩猩的排泄物裡尋找它們。

當然，他們不會像黑猩猩一樣直接食用這些種子，而是把它們帶回家，清洗乾淨、搗碎成粉就可以做成可口的食物。

或許以後雙方也可以考慮建立合作關係，把這種純綠色食品推廣得更好。

夜晚跑酷才是真的酷

精準跳躍、
速度快到不可思議的鼬狐猴

非洲第一大島——馬達加斯加島是一塊神奇的土地。在牠的西側，受赤道低壓和信風交替影響，形成了熱帶草原氣候，自然植被（注1）主要是熱帶稀樹草原（注2）或者疏林（注3），一旦到了旱季，土地就成了一片荒漠，蕭索荒蕪。而在牠的東側，受暖流和東南信風的影響，形成了熱帶雨林氣候，東側的雨林中植被繁茂，物種繁多，全年都熱鬧非凡。

生活在馬達加斯加島東岸的鼬狐猴就是雨林中的一員，牠們的體型比一般狐猴要小，大約有25公分。

鼬狐猴雖然身體矮小，但尾巴可不短，幾乎和身體等長，當牠們抱在樹上的時候特別喜歡把長長的尾巴規規矩矩地卷起來，就像一個卷尺。牠們的眼睛圓溜溜的，在小小的腦袋上顯得異常大，看起來總是一副受到驚嚇的樣子。

雨林的白天非常炎熱，很多動物都選擇在夜晚較涼爽時再出來。鼬狐猴也一樣，是典型的夜行動物，白天你很難在雨林中發現牠們的身影，想要在白天尋找牠們，只能到樹的陰涼處，牠們一般都躲在那裡睡覺。

注

1 **自然植被**： 是指一個區域內自然發生的植物群落，且未受到大規模的人為改變或干擾。

2 **熱帶稀樹草原**： 說明這片地區的氣候屬於熱帶地區，而植被主要由分散的樹木和大量的草本植物所組成，樹木間的密度相對較低。

3 **疏林**： 疏林表示樹木和樹木之間的間距較大，分布較疏落。

白天，懶猴安安靜靜地休息，十分乖巧可愛，但當夜晚來臨，牠們就會把眼睛瞪得圓溜溜，精神抖擻地鑽出來「跑酷」了。

懶猴非常擅於跳躍，而且是以垂直跳躍的方式在雨林間穿梭。當牠們站在樹上準備蹦跳的時候，會用雙腿齊蹦式推進。牠們的跳躍看似簡單，但每次都會規畫出合理的路線，並能在起跳的時候精準地按照規畫的路線行進。

不僅如此，牠們在起跳和止跳的過程中幾乎不會出汗，甚至連喘都不喘一下。即使是最優秀的跑酷運動員也很少能達到牠們的水準。

鼬狐猴將跳躍進化到極致，最主要的原因是要節約身體的能量。

鼬狐猴作為純素食動物本該有一份豐富的食譜，可以輕鬆地獲取許多食物，奈何牠們的消化能力實在很一般，所以即使吃得再多也很難高效率地轉化為自身所需的能量。

為了能夠更好地吸收植物中的營養，鼬狐猴甚至還會吃掉自己的便便。

面對好不容易得到的營養，鼬狐猴必需精打細算、慎重規畫，絕對不允許一絲一毫的浪費。

哺乳動物

更營養好吸收的「副」食品

死心塌地愛著自己便便的鼬狐猴

鼬狐猴不僅長得很有特色，在飲食喜好上也與眾不同。鼬狐猴是純素食者，不像其他靈長目的動物還會捕食小型動物來補充蛋白質，樹葉、花朵、仙人掌才是牠們的心頭好。

尤其是仙人掌，這種在一般人看來和食物完全搭不上邊的植物，對於鼬狐猴來說可是人間美味。鼬狐猴可能是世界上吃過最多種仙人掌的生物。

把植物作為唯一的食物，雖然不用為了狩獵而耗費體力，但植物纖維卻不能輕易被消化。

鼬狐猴不像植食動物那樣擁有強悍的消化系統，靠漫長的路徑去輕鬆消化分解植物纖維，再把它們轉化為容易吸收的養分。

鼬狐猴的消化系統很簡單，這就導致牠們大快朵頤吞掉的植物纖維，好不容易經過分解成了必要的養分，卻又很快被牠們排泄出來了。

仙人掌一類的新鮮植物固然美味，但鼬狐猴想要健康地生存，還是得想辦法攝取營養，而剛剛排泄出的便便正是牠們賴以生存的養分的集合體。

所以鼬狐猴毫不猶豫地就把自己的便便當成了不可或缺的副食品。

鼬狐猴的便便雖然不是主食，卻發揮了遠勝於主食的作用，為鼬狐猴的日常活動提供了巨大的能量。

鼯狐猴能夠在樹間自由地飛躍穿行，離不開自己便便的支持。

在一些地區，人們通常把馬糞、牛糞當作燃料。對於鼯狐猴來說，牠們的便便又何嘗不是支撐牠們身體運作的「燃料」呢。

如果鼯狐猴只是偶爾吃點自己的排泄物來補充一下營養，也不算什麼稀奇的事兒，畢竟有些靈長類動物也會把自己的便便當作儲備糧或者小零食。

和那些偶爾為之的傢伙相比，鼬狐猴可專一多了，牠們是死心塌地把自己的便便當作重點食物之一。

說是「無糞不歡」可能有些誇張，但鼬狐猴確實做到了勤儉節約、物盡其用，這也是牠們被很多人認定為最耐貧瘠的猴子的原因之一。

命懸一線的解放時間

N天不便便，一便，便整天的樹懶

樹懶是實實在在的懶惰鬼，能不動就不動是牠們信奉一生的準則。

樹懶大多數時間都掛在樹上，牠們一生中爬下樹的次數用手指就能數出來。

而就是這有限的時間，反倒成為牠們生命中最危險的時刻，因為牠們的性命很可能就丟在這次數有限的下樹過程中了。

樹懶只要能不動就絕對不會動，如果非要動，牠們也會慢慢動，動作幅度非常小，甚至連進食時，牠們的嘴都張得不大。

樹懶不僅進食速度慢，牠們消化的過程也非常慢。

明明牠們吃的是熱量極低的樹葉，卻也要花上幾個小時，甚至是幾天的時間才能徹底消化。

因為牠們日常吃的食物單一，所以懶惰成性的牠們乾脆把自己的腸道菌群也變得很單一。

再簡單的菌群也受不了消化時間過長，因此樹懶的腸道內會產生大量的甲烷，但在體內聚集大量的甲烷非常危險，要是其他的動物早就噗噗噗的不知道放出多少個屁來，但樹懶不是一般的動物，就算身體裡充滿了甲烷，多到快要到達爆炸臨界點，樹懶也毫不在意，懶得放屁，任由甲烷在腸道裡逗留。

樹懶不想理會，甲烷卻不能無限膨脹，不然樹懶早就像吹過頭的氣球一樣爆炸了。

不能被當作氣體排出身體的甲烷，只能透過腸道吸收進入血液，再由血液循環進入肺部，隨著樹懶的呼吸排出體外了。不管怎麼說，樹懶再懶，哪怕懶得放屁，為了生存，也得呼吸。

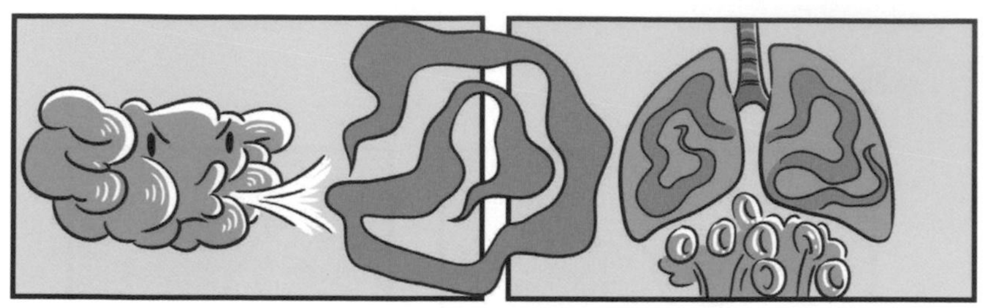

樹懶連屁都懶得放，自然也懶得拉便便，但牠們實在沒有辦法徹底不拉，畢竟甲烷還可以隨呼吸排出去，但排泄物卻沒有辦法也這麼處理。

萬般無奈之下，樹懶不得不拉便便，但樹懶拉便便並不頻繁。

牠們要好幾天才拉一次便便，如果用人類的標準來評判，樹懶就是十足的重度便祕患者，早該去看醫生了。

其實也不怪樹懶不喜歡下樹拉便便，實在是有太多樹懶死在去拉便便的路上，說樹懶是冒著生命危險去拉便便一點也不誇張。

樹懶好不容易拉一次便便，自然會拉得盡興，拉得酣暢淋漓。樹懶一次會拉出自己體重三分之一的便便。

雖然樹懶很懶，在做出拉便便這樣的壯舉前，也是非常有儀式感。牠們會悠哉悠哉地爬下樹，找個自己心儀的拉便便地點後，還會用小尾巴掃出一個小坑，搭好臨時廁所後，牠們才會平心靜氣地排泄

樹懶做事遲緩，拉便便也沒法一氣呵成，樹懶拉一次便便最快也要幾小時，最長能拉上一整天。畢竟牠們拉便便的間隔期太久，每一次都是有備而來，堪稱一次偉大壯舉。

在完成這個壯舉後，樹懶不會立刻回到樹上，牠們會繞著樹幹，興奮地抓著樹枝搖晃，就好像為自己慶祝一樣，依照樹懶排泄的量，也確實是值得慶祝。

等樹懶結束慶賀的舞蹈，回到樹上前，牠們還會用樹葉蓋住自己的便便，可謂有始有終。

懶出新境界，身上長綠藻啦！

這不只是最佳偽裝配備，
餓了還能加減吃，樹懶說：不能脫！

有的樹懶身上會有綠色的毛髮，這並不是因為牠們染了顏色，畢竟樹懶這種懶傢伙是不可能走進美髮店的，當然，美髮師也不願意鑽進樹懶生活的雨林，幫牠們染髮。

樹懶身上的綠色也不是因為牠們泡水，長出青苔。牠們身上的綠毛其實是一種綠藻。

綠藻的孢子落在樹懶的毛髮裡，樹懶因為懶得清理而任由牠們生長，綠藻便會附著在樹懶身上，進而長滿樹懶全身，把樹懶徹底變成綠色的。

除了樹懶的縱容，綠藻的繁茂生長還要感謝樹懶身上的肥料供應。

樹懶身上有很多諸如樹懶蛾之類的昆蟲，這些昆蟲住在樹懶的毛髮裡，也死在樹懶的毛髮中，牠們生前以綠藻和樹懶身上的皮膚分泌物為食，牠們死後則會成為綠藻的肥料，讓綠藻長得更茂盛。

樹懶蛾翅膀退化，終日賴在樹懶的身體上，很少移動，而且樹懶身上食物資源豐富，取得便利，牠們更沒有什麼飛向遠方的欲望了。

終其一生，樹懶蛾唯一一次離開樹懶的身體是為了繁衍後代。

樹懶蛾會趁樹懶爬下樹拉便便時離開樹懶的身體，在樹懶的便便中產卵。

一旦蛾卵孵化，幼蟲就會以樹懶的便便為食，而當牠們長為成蟲後，牠們就開始等待樹懶下一次下樹。

只要樹懶下樹，樹懶蛾的成蟲就會爬到自己先輩們生活過的地方。

追尋先輩的足跡，像無數前輩一樣過著優閒富足的日子。

當然，當樹懶蛾死在樹懶身上後，牠們也會大大方方地捐獻出自己的遺體，為樹懶全身綠化工作做貢獻。

別說樹懶懶得做清潔，就算牠們勤快，恐怕也不會放棄這件綠色大衣，這個顏色除了清新亮麗，更主要的是這件綠色大衣能讓樹懶更好地融入熱帶雨林。

樹懶本身的顏色就與樹皮的顏色相近，披上這件大衣後，遠遠看去，一動不動的樹懶簡直就跟長滿了青苔的枯樹毫無區別，跟整個雨林合為一體了。

這層綠藻不僅是厲害的偽裝，也是樹懶重要的儲備糧。只要樹懶餓了，又懶得摘樹上的樹葉吃，就可以選擇舔食自己身上的綠藻果腹。

綠藻可以為樹懶提供足夠的熱量和營養。

你不會以為
我只有兩顆牙齒吧？

除了睡覺，都在工作，

大象的臼齒是模範（血汗？）勞工

除了長長的鼻子，大象另一個突出的特徵就是雄象那兩顆巨大的象牙。這兩顆又粗又長的牙齒，是雄性大象成年的特徵，只有大象的體積才能匹配。

不過我們平日看到威風凜凜的象牙只是牙齒本身的三分之二，還有三分之一藏在大象臉部的皮膚裡。
這兩個外露的大傢伙是大象的上門齒，它們以每年15公分左右的速度增長。按照現存的紀錄，世界上最長的象牙有3.5公尺長。

這對大長牙是大象的武器，凶悍的外表決定了牠們超強的戰鬥力，更何況它們也確實結實耐用，無論是進攻還是防守，都能爆發出極大的力量。

除了戰鬥，在和平時期，這一對大長牙也是便捷的「挖土機」和靈活的「刨皮器」。

旱季的時候，地表水源匱乏，聰明的大象就開始琢磨地下的水資源，而這一對大長牙就發揮了挖掘機的作用。左刨刨，右刨刨，不一會兒工夫，大象就能挖出地下水來，供自己和象群飲用。

如果剩下的水多，其他的小動物也會從中受益。
即使挖不到充沛的地下水，大象也能憑藉強悍的挖掘能力翻找出埋藏在地底的植物塊莖或塊根，進而補充水分。

當大象想做領域標記、爭搶領土的時候，這對大長牙就又派上了新用場——刨樹皮。透過刨樹皮和在地面留下明顯的痕跡，大象可以輕鬆做出「此地已有主」的標記。

而其他想要搶奪地盤的大象看到這些符號時，則要好好權衡，自己是不是真的能打過這些可怕印記的標記者，一旦差距懸殊，無法全身而退，那還不如一開始就繞道走。

大長牙有大長牙的好處，也有大長牙帶來的危機，這對彪悍美麗的牙齒，除了能吸引發情期的母象，也會吸引一些居心叵測的盜獵者。而盜獵者往往為了獲得完整的牙齒，而將大象的臉整個切開，導致大象死亡。

如果只是單單失去這對威風的上門齒，大象是不會死亡的，畢竟除了這兩顆牙齒，大象還有更實用的臼齒。

與增加顏值和門面擔當的上門齒不同，臼齒不外露，老老實實地藏在大象的嘴裡，本本分分、踏踏實實地替大象研磨食物。寬大且布滿凹凸不平的溝壑的臼齒，能將食物咀嚼得更充分，更細膩，更有助於消化。

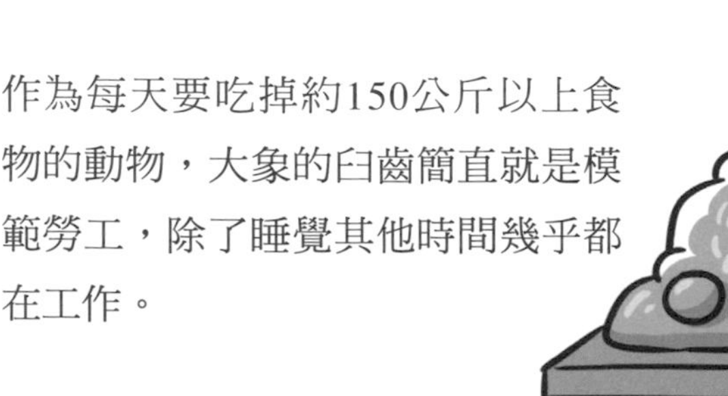

作為每天要吃掉約150公斤以上食物的動物，大象的臼齒簡直就是模範勞工，除了睡覺其他時間幾乎都在工作。

當然，如果遇上了愛在睡覺時磨牙的大象，那這一批臼齒就是24小時全天無休了。

工作量如此巨大，臼齒除了改變自己的形態、提高自己的效率外，也生成了一套輪班制度，四顆牙齒為一組，輪流工作，一旦有牙齒不堪重負，磨損殆盡，新的牙齒就會長出來，接替它繼續工作。

在大象的一生裡，最多能更換6次，一共24顆臼齒。
當最後一套臼齒全部脫落的時候，大象也就徹底喪失了咀嚼能力。伴隨著臼齒的退休，大象也要從自然界中徹底退休了。

你說我健忘？那都是裝的！

被大象記恨，
得有隨時被報復的心理準備。

3.14159265358

作為現存的陸地最大哺乳動物，大象除了靈巧的長鼻子，還有一樣令人羨慕的技能——超強記憶力。

一旦牠們記住了一件事物，那麼在牠們長達60年左右的壽命裡，這件事物便會被永久銘記。所以，千萬不要得罪大象，雖然牠們在大多數時間裡是一種性格溫順的動物，但一旦被觸怒，可是要記仇幾十年的。

被這樣一個龐然大物記恨，又不知道會在什麼時候遭到怎樣可怕的報復，光想就非常可怕。

大象會記住許多重要的、能夠影響牠們生存的事物，比如偏僻荒漠中間歇性出現的水源，這是能夠保障整個象群生存的重要存在，所以大象會牢牢記住，並且信心滿滿地去尋找。在水源稀缺的旱季中，只要象群走到那裡，就能得以繁衍延續。

除了這種求生必備的重要資訊，大象還能清晰地記錄氣味和聲音。

並以此為憑證識別出和自己有關係的大象，從而更好地做出決定。

無論是聞到其他大象留下的尿液，還是一些其他的氣味，大象都能根據記憶中的氣味判定出對方的身分。

即使距離遙遠，甚至有幾公里那麼遠，只要聽到了對方的聲音，牠們就能和對方建立起聯繫。

這項技能就好像在人山人海的廣場兩端，你還是可以輕而易舉地越過人群，發現一個失散多年的朋友，並跟他揮揮手，而他也在那一刻發現了你，認出了你，然後熱情地回應了你。這個畫面光是想想都覺得如同天方夜譚一般，但大象就能做到，而且一點兒也不覺得這有什麼特別之處。

當然，大象能判斷出來的除了自己的親戚、友好的其他象群，也有自己的敵人。

遇到敵對象群的時候，牠們就要更為謹慎地去打招呼了，畢竟一不小心就可能引發兩個象群的戰爭。作為愛好和平的動物，大象可是不會輕易發動戰爭的。

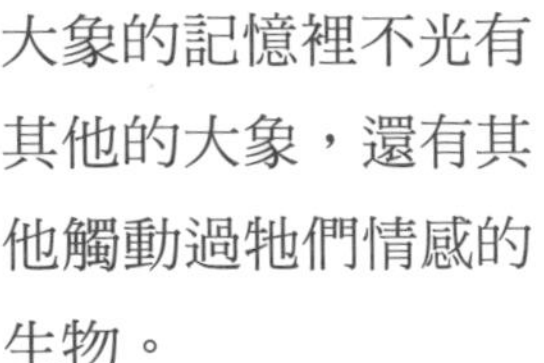

大象的記憶裡不光有其他的大象，還有其他觸動過牠們情感的生物。

比如說人類，雖然人類的樣貌會隨著時間發生很大的改變，但只要曾經跟大象有過接觸，大象就能靠自己的辦法認出對方。

這對於人來講都是很難做到的事，但大象又輕鬆地做到了。

大象之所以能擁有如此強悍的記憶力，主要是因為牠們的大腦非常發達。作為陸地上最大的哺乳動物，牠們不光擁有最龐大的身軀，也擁有體積最大的腦，大腦內有數量驚人的神經細胞和連結點，牠們的神經細胞數量甚至比人類還要多出好幾倍。

高度發達的海馬迴和大腦皮質也幫助牠們能夠更好地將自己的經歷編碼為長期記憶，從而能讓牠們更好地記住重要的事物。

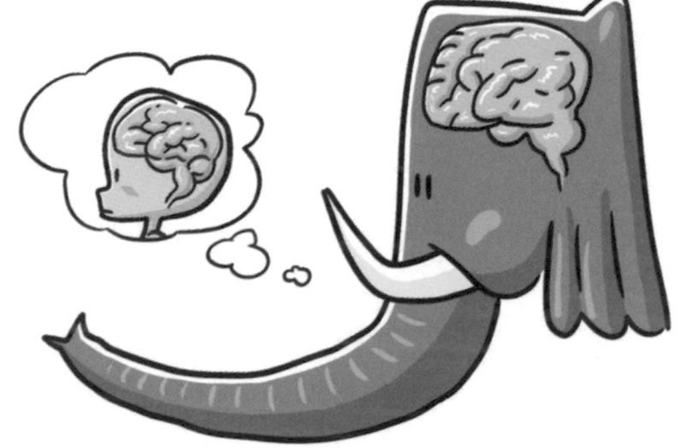

所以當大象想要記住什麼事物的時候，這件事物基本就烙印在牠們的腦海中，如果牠們沒有想起來，那大概都是裝的！

家族裡最珍貴，我是大家的小寶貝！

珍貴到被搶來搶去，
小小象覺得心累。

哺乳動物裡鼻子最長的是大象，那麼鼻子第二長的呢？當然是小象了！

小象是整個象群中最珍貴的存在，這並不是因為小象有無限的潛力，說不定能長出破世界紀錄的長鼻子，所以被整個象群重視。大象家長雖然也會寵愛孩子，但也絕達不到過度寵溺的程度。

小象之所以是整個象群的寶貝，主要原因還是牠們作為整個象群種族延續的希望，數量卻很少了。

按照自然規律，越是食物鏈底端的生物，繁殖能力就越強。大象作為陸地上最大的哺乳動物，雖然愛好吃素，是典型的植食性動物，但由於成年後身強體壯，體魄驚人，又喜歡群居，會互相保護對方，所以幾乎是沒有天敵的，可以算作食物鏈頂端的動物之一。

因此，牠們的繁殖能力也很弱。

相較於其他動物很快進入成熟期，開始撫育下一代，大象要在十幾歲的時候才能成熟，雌象在12～16歲的時候才開始生下第一胎。

大象的孕期也比一般的哺乳動物長很多，甚至超越了人類。小象寶寶要在象媽媽的肚子裡待上一年半，甚至兩年的時間，才能呱呱墜地，來到世界上。

一頭野生大象的平均壽命在50到70歲之間，牠們的生育期間隔又有五、六年那麼長，所以終其一生也生不出許多小象來。這也是小象數量稀少的原因。

剛出生的小象雖然有100多公斤，但身體是非常虛弱的。

一旦象群裡有小象誕生，象群裡的其他成員都會熱情地圍在新生小象周圍，然後用牠們的鼻子撫摸牠來表達歡迎之情。

新出生的小象在前三個月裡完全依靠媽媽的奶水存活。三個月之後，牠就會學著媽媽和象群裡其他長輩的樣子食用植物，但牠們至少兩年後才會斷奶，所以即使小象已經是個大個子了，但其實還是個奶娃娃。

在象群裡，除了牠的媽媽，其他的阿姨也會對牠特別照顧。一旦牠的媽媽因為意外身亡了，大象群裡就會有一個大象阿姨站出來認領牠，替牠去世的媽媽承擔照顧牠的責任，而且還不是形式上的單純餵養，而是像真正的母親一樣，盡心盡力，悉心照顧，耐心教導。

因為大象本身就是情感豐富的高智商母系社會動物，所以母象無論是對自己的幼象，還是象群中的其他幼象，都有著極強的愛心和責任感，即使是沒有孕育小象的母象也會積極照顧象群中的幼象，這也為牠們日後撫養自己的孩子積累了經驗。

在這種精心照顧下，野外小象的成活率甚至可以達到80%，這個存活率在野生動物界裡實在是驚人。

小象只要好好地待在象群中，接受大象的教導，長大後就會成為一頭可愛又和善的大象。

但如果牠們遭遇不幸，和象群失散，那麼牠們的命運就非常難以預料了，運氣好的會被其他象群收養，重新回歸集體生活，運氣不好的可能會變成破壞者，給其他動物帶來傷害。

而運氣最差的，則會在殘酷的自然中丟失性命。

正是因為小象數量少，是象群中最珍貴的存在，所以牠們也會成為象群間爭奪的對象。

如果母象喪子或者無法生育後代，那就可能會出現綁架其他象群小象的事故，尤其是當綁架犯來自強勢象群的時候，弱勢象群即使全軍出擊也未必能保住群內的小象，這時候往往就會發生母子分離的悲劇。

尤其是小象的親生母親很難因為一次爭鬥的失敗就徹底放棄自己的孩子，便會不斷發起救回孩子的攻擊和挑戰，小象的歸屬就會不斷發生變更，令小象異常恐懼。

但不論最後結果如何，只要小象留在象群裡，哪怕不是牠誕生的那個象群，牠也會受到一頭小象應有的優待。

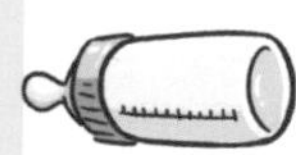

除非牠還沒斷奶，而搶走牠的母象沒有奶水供給牠，那就只能祈禱牠的親生母親快點兒把牠搶回家，好好地餵牠吃一頓奶水了。

鼻子這個礙事的壞東西，有時也挺有用的！

「與其討厭它，不如習慣它」
小象的心靈物語。

對於大象來說，靈巧的象鼻子是牠們引以為傲的工具。只要牠們願意，就可以輕而易舉地把上百公斤的巨木舉起，也可以雲淡風輕地撚起地上的一片落葉。

但對於小象來說，這個擋在眼前的長鼻子，可不見得是什麼可愛的存在，尤其是那些還沒有完全學會使用自己鼻子的小象，眼前的這個礙事兒鬼，自己真是恨不得把它揪掉。

不少小象都經歷過無意中踩到自己鼻子的痛苦，這和小狗追著自己的尾巴跑可完全不同。

小狗畢竟是要先看到自己的尾巴，才能產生「這是什麼呀」的好奇，然後再追著自己的尾巴跑，這是一種追求快樂的過程，只要牠對自己下嘴別太狠，就能玩上好幾次。

小象就不同了，小象踩到自己的鼻子純屬沒有看見！

就好像司機在駕駛汽車時，車窗A柱（汽車前擋風玻璃兩側的支柱）遮擋住的部分就是司機們常常忽略的盲區，一不小心就會造成事故。

小象的鼻子對於小象來說也是一樣的，在牠沒有徹底適應自己的鼻子之前，牠的鼻子就是牠的A柱，A柱遮擋住的盲區什麼都有可能發生，踩到鼻子實在是太正常了。

有的小象還會因為被鼻子擋住視線，糊里糊塗地就摔倒了。

好在每一頭大象都曾當過小象，所以象群裡出現了摔跤的小象，大象們也很少會取笑牠們，只要牠們能迅速地站起來，不要獲得愈來愈多的關注，就可以減少很大一部分的尷尬。

有的時候，小象也會故意地踩住自己的鼻子，這是因為有些小象在學習使用鼻子的時候，難以控制地陷入了崩潰的情緒。

畢竟鼻子的作用太多了，學起來實在太複雜，就好像你新得到一件工具，翻開了它的使用說明書，發現上面竟然詳細地介紹了一千種功能，每一種功能都很重要，都要認真學習，所以你也很容易因此崩潰，摔摔說明書也是很正常的。

只不過小象經過嘗試很快就會發現，這個討厭的鼻子無論如何也踩不掉，而且每次踩上去都很痛。

幾次嘗試後，小象也只能放棄踩掉鼻子這個選項，重新埋頭學習。

和鼻子對抗很難成功，小象只能認命，與鼻子握手言和，最好的示好方式就是認可鼻子的優點。

長鼻子能夠充當靈活的工具自然是它最大的優點，但它還有隱藏的彩蛋技能，那就是化身成「安慰奶嘴」。

因為象鼻子裡有幾萬塊獨立的肌肉，所以異常敏感，牠們除了能夠撿拾物品，還能傳遞感情，大象經常會互相捲繞彼此的鼻子來說悄悄話，也會用鼻子觸摸其他大象來傳達情感。

而小象呢，更喜歡把象鼻子含在嘴裡，哪怕是運動的時候，牠們也願意這麼做。

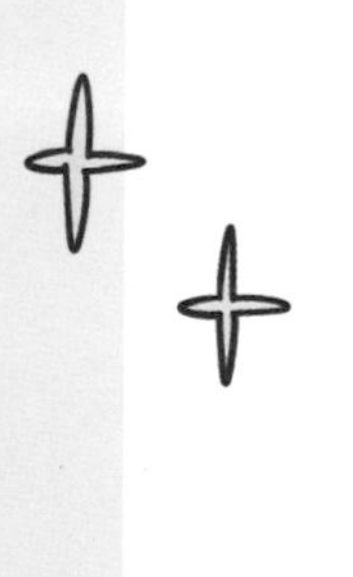

經常把鼻子含到嘴裡，也能讓牠們更好地感受和體會鼻子，從而好好地學會控制自己的鼻子。這就好像是為了熟練地使用一個工具，就必需要先熟悉它一樣。

與其自己孤單吃，不如大家一起快樂吃。

河馬寶寶和魚兒們都愛我的嗯嗯

河馬吃西瓜，「嘎巴嘎巴」一口一個，然後「吧唧吧唧」自己的大嘴巴，心裡想著完全可以再吃一個大西瓜。反正牠們每天都要吃上100公斤左右的食物，多吃一個西瓜根本不是什麼問題。

厚實的西瓜皮對我們人類來說可不是什麼爽口的食物，味道不怎麼樣，嚼起來也很費力，除非去掉外面的硬皮切片做成涼拌菜，不然實在難以下嚥。

但河馬可不這麼想，因為牠有40多顆牙齒，咬合力驚人，是世界上已知咬合力較強的動物之一，尤其是雄性河馬的犬齒簡直就像獠牙一樣，甚至可以長到20～50公分左右那麼長，再配合強大的咬合力，戳碎西瓜輕而易舉。

既然擁有了這樣好的牙口，那吃東西就可以隨心所欲了，想吃什麼就吃什麼，但河馬偏偏熱中於吃水草和其他植物。

在食物極度匱乏的時候，牠們也會殺死其他動物吃肉，甚至吃掉同類的屍體。

大多時候，牠們還是願意躲在清涼的水中，吞食身邊的水草。

成年河馬可以自由挑選食物，幼年河馬卻不得不乖乖聽話，按照家長安排的食譜進食。

想要獲得自由選擇食物的權利，小河馬不得不先接受吃掉媽媽的排泄物。

而且以河馬的食量來說還不能少吃。

好在成年河馬雖然吃得多，但消化得並不徹底，甚至可以說，牠們的消化能力和食量相比確實很薄弱。

小河馬雖然名義上吃著媽媽的便便，但主要吃的還是半消化的草料，便便的味道並沒有那麼濃郁。最主要的是，這些從媽媽體內排泄出來的便便不僅是用來填飽肚子的，更是用來補充自己體內菌群的重要物質。

小河馬剛斷奶的時候，腸道內還沒有充足的菌群，這就意味著無論牠們吃什麼都很難消化。

為了強壯自己的腸胃，讓自己儘早擁有獨立進食的本領，牠們只能拚命地吃媽媽的便便，盡可能地建立出完善的腸道菌群。

在分享便便上，河馬一點兒也不吝嗇，除了餵養自己的寶寶，牠們還養活了一大群魚類。

對此，魚兒表示自己就是河馬便便的受益者！只要河馬進入水域，魚兒就會一擁而上，緊緊尾隨，等待河馬慷慨地撒出便便而飽餐一頓。

為了一視同仁、做到真正食物公平，河馬甚至把尾巴進化成了風扇，在排泄的時候，河馬的尾巴會瘋狂旋轉，把便便均勻地拋撒出去，讓遠處的魚群也能吃個夠。

河馬平日的大方的確讓不少魚類受益。

但當旱季來臨，牠的便便對於魚類來說就不再是天降甘霖，而是入嘴的砒霜了。

這並不是說河馬的便便只有配合河水才能食用，而是因為在雨季的時候，河馬的便便排泄在水中，除了被小河馬和魚類吃掉的部分，其他的要麼緩緩地沉降在河底，要麼就被水流沖走。

當旱季到來時，降雨稀少，水域面積縮小，河馬的便便就會堆積在水坑裡，時間一久，這些便便經過微生物發酵產生甲烷、硫化氫、氨氣等氣體。

如果河馬的便便沒有那麼多，倒也不至於產生多麼惡劣的影響，但河馬聚集的水域便便量就非常可怕，4000隻河馬每天能產生將近9噸的便便，這些無法流動的便便在發酵後很快就會把水中的氧氣擠跑。

一旦失去了充足的氧氣，水域中的魚就難以生存了，這時候就算牠們不再纏在河馬身後討要食物，也很容易被活活憋死。

而且微生物在分解河馬便便的時候，還會產生一些有毒的物質，由於沒有充足的水源稀釋和沖刷，魚類也只能選擇直接吞下這些有毒物質。

所以每到旱季的時候，河馬生活的水域裡總會漂著大量的死魚。

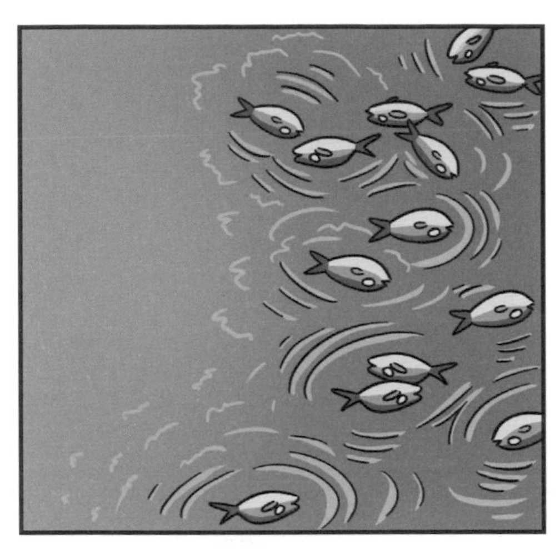

對於這件事河馬也很無奈，畢竟牠們也不能為了讓更多魚活命而不拉便便。

而且之前雨季的時候，這些魚類明明就對自己的盛情款待讚不絕口，怎麼旱季到了，就要指責自己成為凶手呢？都說魚類的記憶短暫，這麼看來，不僅短暫，而且多變。

好在自己是水中一霸，誰也不怕，該吃吃，該拉拉，怎麼快活怎麼過。

哺乳動物

你知道汗血寶馬？

天生自帶防蚊液和防晒乳的河馬

根據《史記》中的記載，汗血寶馬的耐力和速度都十分驚人，相傳能夠「日行千里，夜行八百」，在奔跑時還會從肩膀附近流出像血一樣的汗液。

面對這一充滿神奇色彩的描述，河馬表示：這有什麼稀奇，不就是紅色的汗嗎？我出給你看！

雖然河馬的形象和正常人想像中的「汗血寶馬」確實出入很大，但在汗液的顏色上，河馬確實沒有撒謊。

平日裡牠們在水中泡著的時候總是灰灰的，一旦牠們上了岸，被炎熱的空氣包裹或者被太陽直射，牠們很快就會全身泛紅，這個紅色就是牠們身體排出的一層紅色黏稠狀物質。

但河馬沒有汗腺，所以牠們分泌的液體不該叫「汗液」，這些由皮下腺體分泌的物質應該叫「汗酸」。

正常來說，我們人類出汗是為了調節體溫，讓人體透過汗液蒸發而散熱。

但河馬分泌汗酸可不是為了散熱，而是為了幫自己增加一層保護塗層，防止自己被晒壞，牠們的汗酸相當於防晒劑。

河馬之所以能夠擁有如此奇特的技能，主要還是因為牠們皮膚的特性。

雖然河馬看上去皮粗肉厚，但實際上牠們卻是動物裡典型的「敏感肌」，皮膚脆弱得不得了，尤其是皮膚水分的蒸發速度，更是快得驚人。

這也是牠們幾乎整個白天都要泡在水裡的原因—— 必需要持續補水！

泡在清涼的水中自然是舒服的，體溫穩定、皮膚溼潤，還有送到嘴邊的水草，對於河馬來說，簡直沒有比水裡更棒的地方了。

牠們可以選擇完全避開日晒，在夜間上岸。

在喪失物理防護後，牠們只能依靠自己的汗酸來實現化學防晒了，所以河馬上岸後，不用多長時間，全身就會被紅色的汗酸所覆蓋，整個身體都變得紅通通的。

河馬的汗酸看上去確實是紅色的，但這並不是牠原本的顏色。

最初的時候，河馬的汗酸也是無色的，但汗酸中有一種不穩定的色素，隨著暴露在空氣中，色素分子吸收了可見光和部分紫外線，就會不斷地聚合，顏色也隨之改變，最初是淡淡的粉紅色，而後慢慢地就轉變成了鮮紅色，最後會變成棕褐色並與身體的顏色融為一體。

當汗酸開始變成紅色的時候，牠的防晒作用也就正式開始了。汗酸會充分反射陽光，同時也滋潤河馬的皮膚，讓牠們的皮膚不至於立刻因乾裂而感到疼痛。

除了防晒，紅色的汗酸還能防止蚊蟲叮咬、抵禦細菌感染。

河馬的表皮幾乎無毛，蚊蟲叮咬對牠們來說絕對是一個大麻煩，好在有紅色的汗酸能為牠們提供貼心的保護。

雖然河馬擁有這樣神奇的法寶，但也不能長久地暴露在烈日下，因為河馬分泌汗酸需要大量的水分，還是要在補水充足的前提下才能實現。

哺乳動物

沒看到我名字裡的那個「馬」字嗎？

惹毛牠，會讓你插翅也難逃的河馬

有的人喝涼水都會長肉，我只是吃了點兒水草，就變成了「巨獸」？河馬對此感到十分委屈，牠實在是不想承認，自己只靠吃素就成了龐然大物，可是1～3噸的身體擺在那裡，任誰都要驚歎一句「好重」！

要怪也只能怪河馬的食量太驚人，一晚上就能吃掉70公斤左右的草料。有句俗話叫「馬無夜草不肥！」，沒想到這個「馬」的涵蓋範圍竟然這麼大，連河馬也包含在其中了。

能吃自然有能吃的道理，雖然我們不能理解青草是如何成了河馬的最愛，但我們能根據河馬的消化系統判斷：河馬能吃有理！

河馬的牙齒稀疏，雖然咬合力極強，但研磨食物的能力實在差勁，不過牠們從不為難自己，並不用牙齒去啃食青草，而是用厚實有力的嘴脣將鮮草捲入嘴裡，也不咀嚼，直接嚥下肚中。

河馬只有一個胃，但這個胃卻結構複雜，分為三個部分。
前胃室和中間胃室裡充滿了能夠分解草料的細菌，能夠實現對草料的粗加工，算是消化的第一道工序。
後胃室則能產生胃液，可以把被細菌分解過的草料進行更好的消化和分解。
草料中的多醣在河馬體內被轉化為單醣，而後又被轉化為蛋白質和脂肪，為河馬的活動提供能量。

即使胃部功能分區合理，但河馬沒有盲腸，結腸也很短，這就導致牠們很難充分吸收草料中的水分，將近90%的水分會隨著糞便排出。

和常見的植食動物不同，河馬不會反芻，所以牠們雖然吃得多，但消化能力卻一般，好在牠們日常的運動量也不大。

作為一種生活節奏特別緩慢的動物，牠們極盡所能地展現了「什麼叫作『懶』」。牠們白天的時候泡在水裡，能不動就不動，即使在水中移動，也絕不是賣力地游泳。

更何況河馬還不會游泳。

河馬在水中的移動更像是簡易版的潛水，牠們的鼻孔、眼睛、耳朵都長著一種能夠防水的「蓋子」，可以輕鬆地替這些重要器官擋住水流，讓牠們能在水中漫步。

隨著長時間地待在水中一動不動，河馬身體裡的脂肪也就慢慢地囤積起來，讓牠們的體型愈來愈龐大。也正是這些豐富的脂肪能讓河馬在水中也能維持體溫，輕鬆自在地享受水裡的生活。

河馬泡在水裡無須運動，上岸後也只是為了在夜間溜去吃草。對於河馬來說，在發情期要進行必不可少的爭鬥，或者當其他動物莫名跳上門來挑釁時，為了維持牠們巨獸的形象，河馬必需要殺一儆百實施懲戒。

除此之外，沒有什麼需要牠們消耗體力的任務了。

河馬一旦動怒是非常恐怖的事。

別看河馬肥碩懶惰，如果真的把牠們逼急了，牠們能以每小時40公里的速度來追殺挑釁者，再配上牠們恐怖的咬合力和尖銳的獠牙，幾乎會讓敵人插翅難逃了。

天熱，那就去游泳啊！

和貓雖然是親戚，但不怕水，
泳技還挺不錯的老虎

天氣炎熱的時候，人們格外喜歡去水上樂園或者泳池。哪怕不會游泳，也可以泡在清涼的水裡消暑。老虎也喜歡玩水，而且牠們的游泳技術還非常高超，所以即使不是為了降溫，也能在水中發現牠們的身影。

大多數貓科動物都是討厭水的，別說游泳了，牠們連沾水都無法接受，一旦身上的毛或者爪子被弄溼了，牠們就會嫌棄地舔個不停。很多在野外生存的貓科動物在遇到小溪、小水坑的時候都是一躍而過，或者是踩著露出水面的石頭小心翼翼地跑過去，絕不會涉水而過。網路的搞笑影片裡也總有被強制洗澡的小貓，拚命掙扎，一臉憤怒，「喵嗚喵嗚」罵個不停。

老虎可一點兒也不討厭水，而且牠們不光玩水，還能在水中捕獲獵物。這倒不是說老虎和貓一樣，能在水裡捉魚。而是指老虎在岸上追捕的獵物妄圖衝進水中逃命的時候，老虎會興高采烈地跟過去，順便在水中實現最終追捕。

老虎在水裡游泳的時候很少會讓身體徹底潛入水裡，牠們更多時候都是在水面上露出一個毛茸茸的腦袋，偶爾左右轉轉，觀察著四周的情況，四隻大爪子則在水下遊刃有餘地踩水，看起來身子有點兒敷衍。

老虎游泳的姿勢算不上優雅，但牠們游泳的速度可一點兒也不慢，而且很有耐力，能輕鬆地橫渡河流。科學家們曾經對海島上的老虎感到好奇，無法解釋這些傢伙到底是怎麼出現在島上的。但當他們看到老虎在水中的英姿後便釋然了。

怕了吧？我是貓！

用聲音就能亮出身分的鬣狗

鬣狗因為長相和生活習性的緣故，曾經有很長一段時間被歸入犬科動物，甚至在現在，一聽到「鬣狗」的名字，人們也覺得牠都叫「狗」了，難道不是狗，是貓不成？

鬣狗的確是貓科動物，被單獨劃分為貓科動物中的鬣狗屬。

鬣狗乍一看確實長得像狗，但牠們的頭比一般的狗要圓，牠們的皮毛多呈棕黃或棕褐色，身上有許多不規則的黑褐斑點，脖子和肩膀上有短鬣毛，看起來有點兒潦草。

鬣狗是群居動物，鬣狗族群中往往由多個家庭組成，牠們的群體數量最多可以達到80隻。鬣狗在體型上不占優勢，所以在打獵的時候都是集體出動。有了家人的齊心合力，捕殺羚羊、斑馬和小河馬這些小型動物自然駕輕就熟，就連遇到獅子，牠們都敢衝上去獅口奪食，至於獵豹這種形單影隻的獨行俠，牠們搶起來更是家常便飯。

鬣狗大家庭中成員太多，為了方便管理，便形成了潛在的階級，對於不同階級的成員，鬣狗族群所表現的態度也有很大區別。所以當一隻鬣狗發出召喚的時候，其他鬣狗會先去辨別牠的身分，然後再考慮自己要採取什麼樣的行動。鬣狗並不會對族群內的所有成員一視同仁。

而鬣狗用來亮出身分的最簡單的工具就是牠們的叫聲，鬣狗能發出多種聲音，斑點鬣狗甚至是非洲哺乳動物中能夠發出最多種類聲音的動物。

這些聲音足以讓鬣狗族群的成員們明確知道到底是誰在發聲，進而就能確定牠的身分。所以說，鬣狗的叫聲就好像是來電顯示一樣，至於接不接這通電話，就要看看對方在自己心裡的地位了。

哥就是不冬眠！

常被調侃可能是
人穿著道具裝扮演的馬來熊

冬天到了，熊早已經吃得飽飽的，在自己的洞穴裡睡得不知道有多香。

突然！剛剛還在打鼾的熊睜開了眼睛，精神抖擻的望著洞穴外。是有什麼特殊的訪客麼？

馬來熊與大多數熊科動物不同，牠不用冬眠。牠們是熊科動物中體型較小的一種，成熊體長在150公分以下，還沒有普通的成年人高，體重一般也不會超過70公斤。所以動物園中有用雙腳站立的馬來熊，才被網友們調侃可能是人穿著毛絨皮套扮演的。

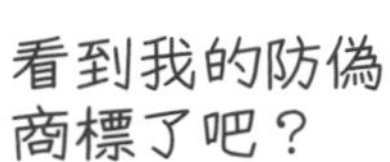

馬來熊除了體型小，還有個標誌性的特徵，在牠們的胸口處有一個棕黃色的「U」形斑紋。

馬來熊主要是生活在熱帶、亞熱帶雨林和闊葉林中，牠們因為體型小，體重也輕，所以相較於其他的「大笨熊」來說，身姿非常靈活。牠們特別善於爬樹，甚至會在樹上為自己用樹枝搭建一個用來休息的平臺。

馬來熊經常在樹幹間穿梭尋找美味的果實和鳥蛋。如果找到了蜂巢牠們當然更高興，作為熊，牠們對蜂蜜的愛是相當的真摯。

只不過和其他有著厚厚毛髮保護的熊不同，馬來熊的鼻子和嘴脣部位是裸露無毛的，所以蜜蜂的叮咬對於牠們來講也是不能承受之痛，牠們即使找到了蜂蜜也吃不上幾口就會在蜜蜂的圍攻下落荒而逃。

蜂蜜不可多得，馬來熊只好鎖定了其他的食物，白蟻便這樣遭了殃。雖然馬來熊受不了蜜蜂的叮咬，但是牠的爪子卻很鋒利，能夠輕易刨開白蟻的巢穴，牠們的長舌頭還可以把藏在蟻巢中的白蟻舔出來。舌頭上的倒刺也是牠們鉤住白蟻的利器。